热带果树高效生产技术丛书

百香果

栽培与病虫害防治

彩色图说

宋顺 吴斌 高玲 ◎主编

中国农业出版社
农村读物出版社
北京

U0238538

图书在版编目（CIP）数据

百香果栽培与病虫害防治彩色图说/宋顺，吴斌，高玲主编. —北京：中国农业出版社，2023.1（2024.9重印）

（热带果树高效生产技术丛书）

ISBN 978-7-109-29996-2

Ⅰ.①百… Ⅱ.①宋…②吴…③高… Ⅲ.①热带果树-果树园艺-图解②热带果树-病虫害防治-图解 Ⅳ.①S667.9-64 ②S436.67-64

中国版本图书馆CIP数据核字（2022）第170055号

中国农业出版社出版
地址：北京市朝阳区麦子店街18号楼
邮编：100125
责任编辑：黄　宇　　文字编辑：刘　佳
版式设计：杜　然　　责任校对：吴丽婷　　责任印制：王　宏
印刷：中农印务有限公司
版次：2023年1月第1版
印次：2024年9月北京第2次印刷
发行：新华书店北京发行所
开本：880mm×1230mm　1/32
印张：2.25
字数：63千字
定价：20.00元

"热带果树高效生产技术丛书"
编委会名单

主　任：谢江辉

副主任：徐兵强

委　员：刘　萌　宋　顺　曾　辉　张秀梅

　　　　詹儒林　李洪立　井　涛

编委会名单

主　　编　宋　顺　吴　斌　高　玲

副 主 编　刘　萌　杨　柳　邢文婷

　　　　　徐兵强

参编人员（按姓氏笔画排序）

　　　　　马伏宁　韦晓霞　龙秀琴

　　　　　刘滨旖　许　奕　孙嘉曼

　　　　　杨其军　吴佩聪　邱文武

　　　　　张中润　陈　格　赵军涛

　　　　　胡　芯　黄东梅　黄永才

　　　　　彭　杨　蒋雄英　魏秀清

目 录

第一章　百香果发展概述

百香果，学名为西番莲（*Passiflora edulis* Sims），为西番莲科西番莲属多年生常绿攀缘木质藤本植物，海拔2 000米以内均可生长，是一种芳香可口的热带、亚热带水果，原产于巴西南部、阿根廷北部和巴拉圭一带，分布于热带和亚热带地区。其果实中含有100种以上的芳香物质，可散发出荔枝、香蕉、凤梨、草莓、番石榴（芭乐）等10余种水果的浓郁香味，因而得名"百香果"。据测定，百香果果汁中含有多种维生素、氨基酸、糖类、果酸、超氧化物歧化酶（SOD）、胡萝卜素及多种人体必需的微量元素，营养丰富，有"果汁之王"的美誉。百香果含有丰富的维生素C和维生素E，据不完全统计，平均每千克百香果果实可提供维生素A 2.37毫克、维生素B_1 30.02毫克、维生素C 165.61毫克和维生素E 430.61毫克。

百香果的根、叶、果实均可入药，被载入《云南民族药大辞典》。除此之外，百香果可作果汁、鲜食，也可作为果酱、果脯等加工产品。种子可以榨油，含油率高，且油品质好，其经济价值和消化性方面可与棉籽油相比，人体吸收率98%（潘木水等，1991）。果实与其他水果（如芒果、凤梨、番石榴、柑、橙和苹果等）加工成混合果汁饮料，可以显著地提高果汁的口感与香味；已广泛作为酸奶、雪糕、糕点或其他食品的添加剂以增加风味，改善品质。

一、百香果起源

西番莲科共有16属600余种（赵兴蕊，2021），大多数以观花及庭院栽培，有60多种可以供鲜食。国外栽培较多的国家是巴西、美国（夏威夷）、澳大利亚、斯里兰卡、圭亚那、印度尼西亚、马来西亚和墨西哥等，主要生长在中南美洲、东南亚、大洋洲及非洲南部（张如莲等，2014）。我国西番莲科有2个属，分别是蒴莲属（*Adenia* Forsskal）和西番莲属（*Passiflora* Linnaeus），其中西番莲属至少有15种。西番莲属最有经济价值的种类为西番莲，包括紫果西番莲（*Passiflora edulis* Sims）和黄果西番莲（*Passiflora edulis* f. *flavicarpa* O.Degener）及二者的杂交种。有学者将前二者当成变种，即紫果西番莲为原变种（*Passiflora edulis* var. *edulis*）和黄果变种（*Passiflora edulis* var. *flavicarpa*）。紫果西番莲原产巴西南部、阿根廷北部和巴拉圭一带靠南回归线附近的热带雨林边缘地区。黄果西番莲是紫果种的突变体，其起源有人认为是巴西，也有人认为有待考证，1923年由澳大利亚引入夏威夷后，很快就在当地发展。杂交种西番莲则是在21世纪60年代才发展起来的。西番莲的适宜栽培范围在南北纬30°之间，紫果西番莲露地种植已达南北纬40°左右（科西嘉岛和塔斯马尼亚岛），但易遭霜害，现广泛分布于热带和亚热带地区。

　　我国西番莲栽培历史悠久，可供食用的紫果西番莲于1901年由日本引入我国台湾，随后传入大陆，黄果西番莲于1936年由美国夏威夷引入台湾。台湾于1974年开始培育杂交种西番莲，获得的杂交种台农1号于1984年传入大陆。虽然西番莲引种、试种已有上百年历史，但我国西番莲产业发展较晚，种质资源相对缺乏，种植面积极小。据不完全统计，2007年我国大陆地区西番莲栽培总面积2 000多公顷，其中广西800公顷，重庆约730公顷，广东约200公顷，云南330公顷，福建100公顷，海南约70公顷（张如莲等，2014）。近几年开始进行规模性生产经营，2019—2021年，每年种植面积以20%以上的速度增长。海南作为国内最适宜种植百香果的区域之一，年均收获期较其他省份长1～3个月，也是国内最早熟产区，全年经济收益也较其他省份高5%～10%。由于百香果具有4～6个月短生长周期的特点，目前是热区各省份乡村振兴的重要果树产业之一。

西番莲传说

传说，在很久以前的美洲印第安地区，西番莲是掌管白天的天神的女儿，她化身绽放的花朵十分美丽，就如同晴天的阳光一样，极其灿烂，温暖而动人，花朵的清香令人心旷神怡，她也因此成了森林中最美丽的花朵。一天晚上，西番莲辗转难眠，于是睁开她美丽的眼睛，就在这时，她突然看见一湾清澈的泉水旁有一个英俊的少年，那少年正在泉水旁边喝水，于是西番莲小心翼翼地靠近他，那少年发现了也笑吟吟地望着她，西番莲立即被这少年的美貌吸引了。而这个少年是夜晚的向导，只在夜间出现。短暂的对视之后少年离开了，此时西番莲已经爱上了这个英俊的少年，并且自此之后分分秒秒地计算着时间，望着太阳下山的方向，渴望着夜晚的来临，能够再次见到英俊的夜间少年。因此，西番莲的别名又称"计时草"。

二、百香果价值及功效

西番莲（百香果）果实、果汁、果皮、种子中含有的化学成分主要为酚类、黄酮苷类、生物碱、三萜类等，丁酸乙酯、己酸乙酯与 α-松油醇、β-月桂烯、柠檬烯、γ-异松油烯是百香果中主要的挥发性成分和芳香成分。紫果西番莲共检测到142种挥发性化合物，其中酯类芳香物质占比最高，为其主要的致香物质之一，且随着果实成熟度提高含量显著提升。

氨基酸是蛋白质分解的产物，可作为评价食品质量和营养价值的重要指标。氨基酸是百香果中的重要营养组成，影响着百香果的风味和质量。百香果（以紫香1号为例）含有17种氨基酸，每100克鲜果中，氨基酸总量为1 269.35毫克（袁启凤等，2019），高于火龙果（973.85毫克）（谢鸿根等，2017）、田黄李（492.84毫克）（周丹蓉等，2012）、猕猴桃（李宁等，2015）；人体必需氨基酸含量为296.54毫克，占氨基酸总量的23.36%（袁启凤等，2019），高于枇杷（章希娟等，2016）、阳桃（钟秋珍等，2014）。此外，百香果新鲜果皮含有24%的果胶，果胶中含有阿拉伯糖和半乳糖，果皮除可加工成蜜饯、果酱外，还是提取果胶和加工饲料的好原料（张建梅等，2019）。

百香果不仅具有食用价值，其根、叶、果实的药用价值也十分显著。百香果果实富含人体所需的氨基酸、多种维生素、类胡萝卜素、超氧化物歧化酶、硒及各种微量元素。据报道，每100克百香果鲜果中药用氨基酸含量795.64毫克，占氨基酸总量的62.68%，高于李、枇杷、猕猴桃。百香果提取物被《欧洲药典》第5版、《英国草药典》(1983)、《美国顺势疗法药典》(1981)、《瑞士药典》(1987)及埃及、法国、德国、瑞典等国的药典收载，用作改善亚健康状态的保健药品。在欧洲及北美洲被作为传统药物使用，多种提取物已被多个国家官方批准作为药物，国际市场需求量越来越大。经常食用百香果，可以提神醒脑、养颜美容、生津止渴、帮助消化、化痰止咳、缓解便秘、活血强身、提高人体免疫功能、滋阴补肾、消除疲劳、降压降脂、延缓衰老等。此外，百香果酸甜可口，特别适宜加工成果汁、果酱等营养丰富、滋补健身、有助消化的产品。

三、百香果产业发展情况

百香果所特有的风味和营养价值，一直为消费者所热衷和追捧。加之百香果生长周期短，通常4~6个月开花结果，经济价值较高。例如，黄果西番莲市场零售价为20~40元/千克，而黄金百香果亩*产商品果均可达到1 000千克以上，年经济效益相当可观，致使其产业得到快速发展。

近年来国际市场对百香果果汁的需求每年以15%~20%的速度增长，百香果已是一种极具发展前景的优质水果。目前，我国大

---

* 亩为非法定计量单位，15亩＝1公顷。——编者注

规模种植区主要分布于广西、福建、贵州、云南、海南及台湾等地。其中，广西为最大产区，产量占比约为49.6%；其次为福建，产量占比约为20.7%。截至2020年末，我国百香果种植面积为110万亩，较上年新增21.1%；全年总产量88.39万吨，较上年新增21.4%；全年总产值80.9亿元，较上年新增121.4%。世界上主栽国家有澳大利亚、巴西、墨西哥、美国（夏威夷）、斯里兰卡、圭亚那、印度尼西亚、马来西亚等。其中，澳大利亚百香果产业价值1 700万美元，每年生产约4 000吨百香果，大部分在国内市场上作为新鲜水果出售，只有约200吨被送往加工。巴西作为百香果的主要生产国，在2015—2017年的产量均达到140万吨左右，占全球小众热带水果总产量的7%，但其出口量很少。近年来，为增加百香果的生产和扩大出口，秘鲁开展种植户培训，提高果实品质及产量，将百香果出口到美国、荷兰，并将墨西哥和巴西等人口多、消费量增加的国家作为百香果出口潜在市场，2017年秘鲁百香果出口额超过4 600万美元（周洲，2018）。厄瓜多尔因其百香果产品较高的质量，使其在热带水果市场中占有了一席之地。

目前，我国百香果贸易以百香果果汁进口为主。据海关信息网数据，2017—2019年，我国百香果果汁进口量和进口额呈不断增长趋势。2019年，百香果果汁的进口量和进口额分别为1.56万吨和1.92亿元，而同期百香果果汁出口量和出口额分别为29.5吨和51.9万元，可见国内百香果果汁仍然处于严重的供不应求状态。我国进口百香果果汁90%来源于越南，其他少量来源于泰国、厄瓜多尔等国家。2017—2019年，从越南累计进口鲜果达20 720.9万吨，进口额累计达2.6亿元，分别占3年总进口量和总进口额的94.9%和89.8%。目前越南仅有少量鲜果出口至加拿大以及我国香港、澳门等地区。

严重影响国内百香果产业发展的关键因素主要有以下几点：缺乏优质种源和优良品种；种苗繁育体系不健全，苗木销售市场混乱；科技投入不足，种植技术水平低；产品综合利用率低，产品开发与销售仍处于低端状态。因此，培育百香果的优良品种以及提高品质和产量是决定百香果产业又快又好发展的根本。

第二章 百香果生物学特性

一、形态特征

百香果为草质或木质藤本，罕有灌木或小乔木。不同种植物外形差异较大，叶片大小、叶片表皮和植株茎秆存在明显差异。百香果植株为单叶，少有复叶，互生，偶有近对生，全缘或分裂，叶下面和叶柄通常有腺体；托叶线状或叶状，鲜有品种无托叶。聚伞花序，腋生，有时退化，仅存1～2花，成对生于卷须的两侧或单生于卷须和叶柄之间，偶有复伞房状；花序梗有关节，具1～3枚苞片，有时呈总苞状；花两性；萼片5枚，常呈花瓣状，有时在外面顶端具1角状附属器；花瓣5枚，有时不存在；外副花冠常由1至数轮丝状、鳞片状或杯状体组成；内副花冠膜质，扁平或褶状、全缘或流苏状，有时呈雄蕊状；在内或下部具有蜜腺环，有时缺；在雌雄蕊柄基部或围绕无柄子房的基部具有花盘，有时缺；雄蕊5枚，偶有8枚，生于雌雄蕊柄上，花丝分离或基部连合，花药线形至长圆形，2室；花柱3（～4），柱头头状或肾状；子房1室，胚珠多数，侧膜胎座。果为肉质浆果，卵球形、椭圆球形至球形，未成熟时果皮为青色，成熟时呈紫红色、黄色、橙黄色、绿白相间的西瓜色等，紫果果皮表面有星点分布。果囊包裹着种子，种子扁平，长圆形至三角状椭圆形，种皮具网状小窝点；胚乳肉质，胚劲直；子叶扁平、叶状。

二、开花结果习性

百香果植株生长迅速，自种子播种、实生苗定植至开花结果约14个月。利用枝条扦插或嫁接繁殖的苗木，通常定植约5个月即能开花。植株主蔓为主要营养枝，花蕾长在一、二、三级蔓上，并逐渐膨大开花。以福建紫果西番莲为例，主蔓从第8节开始现蕾，但主蔓一般不挂果；一级蔓从第1~4节开始现蕾，二、三级蔓从第1~3节开始现蕾。每级蔓现蕾时间不同，一级蔓现蕾集中在6—9月，二级蔓现蕾集中在8—10月，三级蔓现蕾集中在9—10月。每级蔓现蕾率也有所差异，其中三级蔓上花蕾开花率最高，主蔓及一、二、三级蔓现蕾开花率分别为71.4%、67.3%、58.9%、74.4%。当地气温条件不同，现蕾至开花所需时间存在差异。在6月温度适宜时，所用时间最短，需18天；11月由于温度低，历时最长，需22天。因此从花蕾萌发至开花需经历18~22天（张文斌，2021）。

从开花至果实成熟通常需要2~3个月。在海南，黄果西番莲开花期一般自5月上、中旬至翌年2月下旬，开花高峰期在5—7月；在云南，紫果西番莲开花期自12月至翌年5、6月，集中开花期在4月下旬至7月，但是在海拔500米以上的山地，6月以后仍陆续开花。黄果西番莲开花时间为12:00—17:30，在14:00—14:30出现开花高峰期，17:00—17:30又出现开花小高峰，5:00—15:30授粉坐果率会比较高（吉方，2007）。紫果西番莲开花时间为7:00—17:00。在百香果末花期，开花量逐渐减少。据研究统计，种植于云南景洪市的黄果西番莲在10月31日开花数为1 607朵，其后开花数逐天减少，11月29日不再开花，总体上呈递减趋势（吉方，2007）。

温度15~25℃时，对百香果的蔓生长、花蕾发育最适宜，温度低于15℃或高于25℃则坐果量减少。11月以后持续的低温天气会导致花蕾发育时间延长，果实成熟时间延长。翌年5月以后当温度持续高于32℃时，花芽分化受抑制，空气湿度低，花粉粒少且活力降低，严重影响坐果，导致坐果率低。在海南岛，黄果西番莲坐果集中在5月下旬至8月，坐果量以6月最高。在福建，平均1株栽培品种百香果1号全年总果量986个，坐果主要集中在8—10月，以4月平均坐果率最高，但4~6月坐果量最少，仅占全年总果量的10.9%（张文斌，2021）。因此，生产上应根据百香果生长发育规律，因地制宜地安排百香果种植时间，并种植大苗，顺利避开在高温或低温期开花和坐果，争取及时开花、挂果，促进每株坐果量，提高亩产量，增加经济效益。

三、对环境条件的要求

西番莲垂直分布明显，与其说它是一种非典型的热带果树，不如说它是热带、亚热带短期经济果树更为确切。我国西番莲属植物都种植在热带和亚热带地区，且多为观赏型作物，对温度、年降水量要求较高。近些年来，随着热区政府对百香果的扶持力度逐渐增强，不同地区根据本土环境特点，选择适合当地气候的主栽品种进行种植。西番莲为长日照植物，需长日照以促进花芽分化，促进开花。

紫果西番莲存在野生性，抗旱、抗寒能力强，适宜于凉爽的热带山区或接近山区条件以及海拔较高、不太暖热的亚热带地区。喜旱湿季交替的季风性气候，年降水量在706～1 270毫米，雨水过多对结果不利。能耐-2℃低温或微霜，在轻霜或无霜山区半山区可进行商业栽培；适宜温度为（22±2）～（28±2）℃，此时西番莲生长速度较快；低于15℃，植物生长基本停止；高于32℃时，花芽不分化，花粉活力低。

种植前先清理前茬作物，翻土，深耕，阳光下曝晒7天，田间撒石灰消毒，种植区域四周开环沟排水，沟深0.5米、宽1米。每行种植区的畦面宽1.5米、高0.3米，株距1.2米，在畦面上铺地膜，可起到保温、保湿、保护根部的作用。在有霜冻的冬季，应在霜冻来临之前，对百香果撒施暖性肥料，或在种植区熏烟、主干包扎一些稻草等，采取一些防冻措施，避免西番莲冻枯甚至死亡的情况（董静等，2021）。

黄果西番莲较适于热带低海拔地区生长，也适于较暖和的亚热带地区，其耐寒性较紫果种弱，但抗病性较紫果种强。当气温低于0℃时，芭乐味与蜂蜜味黄金百香果嫩梢呈开水烫伤状萎蔫，

低于 -1℃时果实脱落；气温超过35℃时，芭乐味与蜂蜜味黄金百香果均无法形成花序，花蕾变黄脱落。当连续阴雨天气导致园内积水深度达到畦高3/4，水淹不超过6小时时，会引起芭乐味黄金百香果叶片发黄，但不至于死亡（刘冬生，2020）。

紫果与黄果杂交种西番莲的特征、习性及对气候条件要求介于两个亲本之间，黄果杂交种西番莲的抗寒性低于紫果杂交种西番莲，高于黄果西番莲。如黄金杂交种1号抗寒性弱于黑美人、台农1号，而强于芭乐味黄金百香果。在 -6℃的气候条件下，紫果杂交种黑美人部分叶片受害，变干褐或变红，枝条少量受冻；台农1号大量枝条受冻，坏死变褐，部分植株死亡；抗寒性最差的芭乐味黄金百香果，主茎普遍冻伤，变褐失水，进而整株死亡（韦晓霞等，2019）。

西番莲属植物对土壤要求不严，但需排水良好，极度忌积水，土壤pH以5.5～6.5最适宜。它虽可在半阴处生长，但只有在全光照下才能获得高产。

此外，大果种、橙果种等食用型西番莲，近年国内难以规模化栽培，主要原因是其抗性弱，对环境条件要求高，需要合适的温差控制。

第三章　百香果栽培品种介绍

西番莲属（*Passiflora* Lim）中果实可食用的有60余种（Costa et al., 2012）。西番莲属的种质资源丰富，主要集中在南美洲亚马孙河流域，该流域的自然气候环境差异较大，长期的自然驯化使得西番莲属的种质在其他国家或地区适应种植需要更长的时间。在我国作为商业性栽培的品种主要有紫果西番莲（*Passiflora edulis* Sims）（$2n = 2x = 18$）、黄果西番莲（*Passiflora edulis* f. *flavicarpa* O. Deg.）（$2n = 2x = 18$）及其杂交种（刘娟等，2014）。而世界上用于水果商业栽培的百香果品种主要有6种：紫果西番莲、黄果西番莲、大果西番莲（*Passiflora quadrangularis* L.）、橙果西番莲（*Passiflora ligularis* Juss.）、香蕉西番莲[*Passiflora mollissima* (Kunth) L.H.Bailey]和樟叶西番莲（*Passiflora laurifolia* L.）。

一、主栽品种

目前，我国西番莲产业发展中种植的主要品种为台农1号、紫香1号、芭乐味黄金百香果、大黄金、满天星5个杂交品种，主要特征如下。

1.台农1号　台农1号是我国台湾凤山热带园艺试验分所研究人员从紫、黄果杂交F_1代中选育的杂交品种（魏定耀，1997）。其生长势与适应性介于两亲本之间，自然结果率高且稳定，蔓与叶均为绿色。成熟果皮是紫色，星状斑点细密（图3-1），果型中等，果实最重达120克（刘晓明，2017），平均单果重70～100克。果瓤多汁液，果汁率达33.5%（袁启凤，2020；梁秋玲，2018），酸度稍低，香气浓郁。果期长，产量高，上市早，果皮厚，耐储运，加工价值高，耐寒耐热，但抗病性弱。

图3-1 台农1号

2.紫香1号 紫香1号百香果是从台农1号嫁接苗选育而来的优良新品种，其耐寒、抗病虫能力强，果实椭圆形，果皮紫红色，稍硬，酸度低，香气浓，风味佳，可食率28%，成熟期为6月下旬至翌年2月（王增炎，2019；饶建新，2012）。缺点是稳定性差，商品性不如台农1号，随着种植代数的增加，容易出现品种退化的现象。

3.芭乐味黄金百香果 蔓通常为紫红色，叶绿色，叶脉紫红色，成熟时果皮金黄色，果形较小，星状斑点较明显（图3-2），平均单果重60～80克。枝叶相对较少，开花多，产量比台农1号低，抗病力强，果汁口感好，酸度低，糖度、香味浓郁程度较高。该品种与其他黄果种一样，抗寒性差，夏季高温、干旱均会影响其坐果率，减少挂果量，产量易受栽培技术水平差异影响而波动较大。其苗木市场混乱，常与其他黄果品种混杂，难以区分出品种苗的纯正性。

图3-2　芭乐味黄金百香果

4.大黄金　成熟时果皮金黄色，果形较大，近圆形，平均单果重100～130克，抗病力强，长势旺盛，色泽橙黄，味香，是鲜食加工兼用型品种（图3-3）。

5.满天星　满天星是由我国台湾从印度尼西亚引进、改良培育而成的，是由栽培种的紫果西番莲和黄果西番莲杂交而成的紫红果西番莲，因果皮表面有星星点点而得名。该品种蔓与叶均为绿色，生长旺盛，产量较高，成熟时果皮为紫红色，果实较大，星状斑点明显，椭圆形（图3-4），平均单果重80～120克，可食率达40%，甜度高，比较耐储运。缺点是无香味，抗寒性差，不耐热，抗病性弱，病虫害较多。

图3-3 大黄金

图3-4 满天星

二、新 品 种

（一）引进驯化的品种

1.哥伦比亚热情果 该品种果实味甜，果汁可溶性固形物含量达13%以上，尤其是其成熟期为水果的淡季3—4月，是一种适宜于西双版纳地区中高海拔山区发展的优良淡季鲜食水果品种。若在低海拔地区种植，在冬季至春季生长良好，进入夏季时植株开始停止生长，部分植株死亡（图3-5）。

图3-5 哥伦比亚热情果

2.青皮 该品种果实味甜，果汁可溶性固形物含量达15%以上，单果重80克以上，抗性强。在海南种植，可周年开花，但夏季高温不易坐果，是一种适宜在中低海拔山区种植的水果品种。目前，生产中主要利用其抗性作砧木（图3-6）。

3.木瓜西番莲 该品种果实味清淡，单果重300～500克，果汁可溶性固形物含量为17%～19%。其长势旺盛，开花量大，但自花结实率不高，目前在生产中不进行规模化种植。利用该品种筛选优质资源，培育高产、优质新品种是今后开发该品种的方向（图3-7）。

图3-6 青 皮

图3-7 木瓜西番莲

对于以上西番莲属3个品种的资源进行开发利用将是今后新品种挖掘的方向之一，可利用种间杂交技术提高栽培品种的产量、多样性和抗性，但目前规模化生产需谨慎，每个品种的实生后代分离较严重，且市场上流通的部分品种存在不结果现象。

（二）选育的品种

近些年来，随着百香果产业规模的迅速扩大，百香果在品种多元化方面逐渐显现出匮乏。目前市场上除了20世纪引进推广的台农1号和芭乐味黄金百香果外，还出现了紫香1号、满天星、大黄金、木瓜西番莲、青皮等品种。但是，紫香1号随着种植代数的增加，容易出现品种退化的现象；满天星经这几年的推广发现其抗性较差，病虫害较多；大黄金百香果虽然果型大，但口感不及芭乐味黄金百香果；木瓜西番莲、青皮等这类新引进的品种，具有较大的地理差异性，对气候环境较为敏感，在福建可正常开花结果，但在海南种植的结实率不高，难以开花坐果。由此在百香果产业方面呈现出种质资源少、主栽品种单一、优良品种选育滞后的系列问题，逐步成为产业发展的限制性因素。加之对百香果的研究水平严重滞后于其他果树，导致有效的研究成果相对匮乏，对产业发展的支撑非常薄弱。因此，科研单位应加大新品种培育的步伐，加大品种选育和种质创新的力度，丰富现有的栽培品种，为我国乡村振兴和百香果产业的可持续发展奠定基础。现有部分选育品种如下。

1.中百6号　由中国热带农业科学院海口实验站和中国热带农业科学院三亚研究院共同选育。其果实大，单果重不低于120克；甜度高，可溶性固形物含量约为18.9%；可食率高，不低于55%；果形指数1.11（近椭圆形），果实成熟后，果皮主体为黄色，光泽度高，颜色均匀（图3-8）。

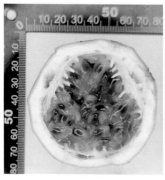

图3-8　中百6号

中百6号适应性强，具有一定抗旱性，经澄迈、海口、儋州等区域试栽，表现良好。适宜在黄金百香果栽植区域内栽植，海南省各地区均可栽植。

2.黄香1号 由中国热带农业科学院海口实验站和海南美丽乡村果业有限公司共同选育。其糖酸比为11.70，可食率为51.68%，果形指数为1.03（接近圆形），单果重100～150克。果实表面有明显的白色斑点，果实胎座与果皮紧密相连（图3-9），散发浓郁的芭乐味，其果皮中罗勒烯含量最高，果浆中丁酸己酯和己酸己酯含量最高。

黄香1号适于生长的区域为海南全岛，全年温度在20～30℃，冬季不低于15℃，开花温度20～28℃，超过30℃坐果率开始降低；年降水量在1 500～2 800毫米，花期空气相对湿度50%～70%；光照为2 500～3 000小时，光照越充足结果越早；土壤肥沃，pH在5.5～7.0之间。

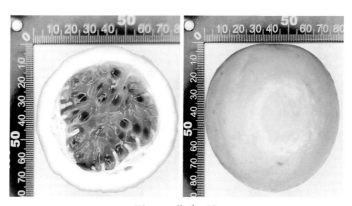

图3-9 黄香1号

3.香妃1号 2021年4月，海南发布了中国热带农业科学院热带作物品种资源研究所选育的香妃1号新品种。香妃1号成熟时果皮紫红色，果形中等，星状斑点明显，近圆形（图3-10），单果重70～130克，抗病力强，产量高，味极香，是鲜食加工兼用型品种。该品种继承了黄果种的抗性与紫果种的香气和产量特性，极具开发应用潜力。

图3-10　香妃1号

第四章　百香果种苗繁育技术

一、百香果嫁接种苗繁育技术

（一）砧木的选择

选择抗性较强的黄果西番莲或野生西番莲品种作为砧木。砧木品种应易于繁殖，与接穗亲和度高，促进接穗快速生长和保持高生产力。

砧木播种后需70～90天的培育期，因此砧木应该比育苗期提前2～3个月播种。当砧木直径达到0.3厘米以上，即可作为嫁接砧木使用。

（二）接穗的选择

接穗的选择也会影响种苗的生长情况，因此最好建立一个用防虫网围起来的网室或大棚，种植经过病毒检测的健康无毒苗，且母本性状优异的亲本作为母本园。选择生长健壮、无病虫害的幼嫩枝条，把枝条剪成长6～10厘米、有1～2个芽眼（芽眼有明显分化为最佳，下端离下芽眼4～5厘米）的小段，将接穗下端削成1厘米的V形切口以便嫁接。

（三）嫁接方式

生产中常用的嫁接方式有贴接、劈接、靠接、合接、锯齿等多种方式，由于百香果砧木直径较小，甚至小于接穗的直径，因此采用劈接法较为适宜。选择直径0.3厘米以上的砧木，在离土面15厘米处切断，在横断面中央向下纵切长约1厘米的切口，插上接穗，用嫁接夹夹住切口处即可。

接穗在嫁接前用植物生长调节剂处理，如用200～300毫克/升的萘乙酸（NAA）浸泡6～8小时，能刺激形成层的生长，进而促进伤口愈合，提高嫁接的成活率。嫁接后7天左右即可检查成功与否，通过观察接穗尾叶的情况进行判断。若尾叶竖立坚挺有活力，则表明嫁接成功；若尾叶低垂或黄化，则嫁接未成功，可重新嫁接。

（四）嫁接管理

1.**温度管理**　嫁接后的苗，要做好保温、降温工作。刚嫁接的苗应保持白天25～28℃、夜间18～20℃，温度高于30℃要做好降温处理。嫁接1周后随着伤口的逐渐愈合，可适当降低温度，保持白天22～24℃、夜间18～20℃。待嫁接口完全愈合后，维管束形成，可正常运送水分和营养，即可进行常规管理，前提是确保种苗在适宜温度下生长。

2.**湿度管理**　为提高成活率，需保证足够的湿度。在嫁接前1天，砧木和接穗都必须浇透水，呈吸胀状态，嫁接后用小拱棚盖上薄膜密封，使空气相对湿度达95%以上，其间如果湿度不足，可用喷雾器喷水。3～4天后在清晨、傍晚时开始少量通风换气，随着伤口愈合，慢慢增加通风换气的时间，7～10天后可按一般苗床管理。若遇高温天气内外温差过高，需要及时将棚内水蒸气排除，否则易引起病害。

3.**光照管理**　嫁接后1周内需要进行相应的遮光处理。可在小拱棚外覆盖遮阳网，目的是避免高温和阳光直射引起嫁接苗萎蔫。前3天必须密封遮光，3天后可适当在早晚光照较弱时取下遮盖物，接受散射光0.5～1.0小时。随着伤口的愈合可逐渐延长光照时长，一般7～10天后即可正常管理，不再需要遮光。

4.**肥水管理**　成活后适时控水，保持土壤处于湿润的状态，有利于促进根系发育。先浇1次清水后，再每周交替施用1 000～1 200倍的氮：磷：钾分别为15：20：25和20：20：20的速效肥混合液，增加养分供应，做到勤施薄施，确保能满足小苗的营养需求。

5.**病虫害防治**　病虫害防治要遵循"预防为主，防治结合"

原则。尤其是嫁接苗在管理期间处于高温高湿状态，在嫁接前要对接穗和砧木喷施百菌清、多菌灵等广谱性杀菌剂，同时在嫁接时注意刀片和竹签的消毒，防止病菌从伤口侵入。嫁接后做好立枯病、疫病、蓟马等苗期病虫害的防治。

6.抹除砧木侧芽 由于嫁接前部分砧木生长点未去除干净，嫁接后会重新萌发，与接穗争夺养分，造成接穗生长缓慢或者萎蔫。因此，嫁接1周后要及时去除砧木侧芽，操作时注意不要损伤接穗。

（五）嫁接苗的移栽与管理

嫁接成活后约1个月，可以将小苗移栽至大田，也可将小苗培养大一些后再移栽以达到快速上架的目的，采取何种方式要视种植季节和计划采收季节而定。在出苗前进行病毒抽样检测，以确保种苗健康无毒。

二、百香果嫁接砧木繁育技术

（一）种子的筛选及保存

将果肉和果皮分离，可将包含果瓤的种子放进尼龙网袋，拉紧扎口，在水盆里面揉搓2～3次，即可将种子和果瓤分离。该法便捷、效果好且成本低，但使用时注意务必要将包裹种子的果瓤清除干净，否则一方面在机械压力层面，影响种子萌发和发育；另一方面，果瓤酸度高，不利于种子萌发。

上述方法获得的种子，全部倒入清水里，将漂浮的种子丢掉，留下饱满的沉在水底的种子收集到尼龙袋中，置于通风处风干，避免曝晒，每个网袋中不宜放入太多，避免透气性差导致种子腐烂。

（二）培养基质消毒

（1）自己配制基质。按照土∶有机肥∶透气性物质=1∶1∶1

配制基质，搅拌均匀后，最好用0.1%～0.5%高锰酸钾溶液浇灌，进行消毒处理，再曝晒2～3天后，作为播种基质。也可以选择其他消毒液，达到消毒效果即可。

（2）购买商品性育苗基质。不可选择盐分重的育苗基质，百香果种子对盐分环境比较敏感，盐分过高会严重影响出苗率。

（三）播种和播后肥水管理

采用10厘米×10厘米规格的营养杯，均匀填装育苗基质，约占营养杯的4/5。播种时，每个营养杯放1粒种子，埋入基质中，微微压实，总体保证种子在穴顶部1/3处位置即可，不可播种太深。

播种完毕后，应用水充分浇透基质。在没有出苗之前，保证基质湿润。出苗后可适量增加低浓度叶面肥施用，促进生长。选取长势好、苗茎粗为0.3厘米以上的实生苗作为砧木进行嫁接。

三、百香果扦插苗繁育技术

（一）扦插枝条的选择

从百香果母株上切取茎段，包括2个芽点，选取距顶芽30厘米或40厘米以下，基部2节或3节以上的百香果枝条。枝条以长度为2个节，至少有1个腋芽为最佳。

（二）枝条缺口的处理

枝条下端切口应斜切（30°～45°）、平整，切口与节的距离以5厘米为宜，上端切口可留1～2厘米。

（三）叶片的保留

剪去2/3的叶片，以降低扦插枝条的代谢率，减少叶片中水分的蒸腾，保持光合作用。

（四）消毒处理

对扦插枝条采用1 000倍的多菌灵浸泡消毒5分钟，扦插基质采用1 000倍的多菌灵浇灌。

（五）促根处理

将扦插枝条在25毫克/千克ABT生根粉的水溶液中浸泡30分钟，然后扦插，扦插深度以3～5厘米为宜。

四、百香果良种苗木组织培养快速繁殖技术

利用百香果组织或器官开展组织培养，可以不受自然环境条件的限制，人为控制培养条件，实现种苗全年培养生产；并使再生植株保持母本优良性状，幼苗生长势整齐一致，可实现种苗快速繁育，高效生产，提高产量。百香果组培快繁是未来百香果工厂化育苗的发展方向，也是种苗脱毒、遗传转化获得植物种质新材料的前期基础。

（一）外植体的选取与消毒

百香果的叶片、茎段、幼嫩卷须、子叶、下胚轴等均可以作为外植体开展组织培养产生再生植株（牛俊乐等，2020；孙琪等，2018）。百香果再生体系能否顺利建立，首要关键因素是外植体的灭菌和消毒。材料的差异、取材的部位、天气情况、灭菌剂的浓度以及处理时间的长短都对外植体的消毒灭菌情况有显著的影响。在百香果组培试验研究中，常用的灭菌剂有氯化汞溶液和次氯酸钠溶液，其中氯化汞溶液消毒效率最高，但外植体褐化率也高，因此对处理浓度和时间的把控较严格。通常取回的外植体用中性溶剂浸泡数分钟，再用流水冲洗干净，剪取外植体长度2～3厘米，75%乙醇中浸泡30秒，无菌水漂洗1次，倒入0.1%氯化汞溶液处理12～15分钟，灭菌剂中添加2滴吐温-20，最后用无菌水

漂洗5次，自然晾干水分后接种至培养基中。外植体消毒是整个再生体系建立过程中最关键的步骤，消毒是否彻底直接影响后续组培试验的进行，而连续的阴雨天气或者外植体表面茸毛多都会导致污染率增加。

（二）腋芽或不定芽的诱导

研究报道（杨冬业，2012；何秋婵，2021），在百香果组培快繁试验中，以幼嫩茎段为外植体，腋芽萌发率、存活率最高，是获取无菌腋芽最直接、最快速、无变异或变异数最少的方法（图4-1、图4-2）。百香果不同品种间芽诱导程度差异较大，对培养基类型、植物生长调节剂类型及浓度较敏感，同一组培配方在不同品种组织培养中，培养材料的生长发育表现出较明显差异。百香果外植体以芽生芽的方式建立再生体系是最快捷的途径（杨冬业，2012）。在百香果快繁研究中发现，外植体部位的选择很重要，老化的茎段茎秆中空，污染率和死亡率较高；较嫩的顶芽及其下端1～2芽部位容易褐化、死亡，认为顶芽之下第3～6腋芽之间的

图4-1　百香果茎段腋芽萌发　　　　图4-2　百香果不定芽生长

茎段为最适外植体，存活率较高（何秋婵，2021）。在MS培养基中添加2毫克/升6-苄基腺嘌呤（6-BA）时，适合诱导丛生芽，诱导率达100%（杨冬业，2012）。此外，不同季节取材对不定芽的诱导也表现出显著影响。

（三）继代增殖与伸长培养

百香果增殖与伸长培养直接影响无菌培养物的增殖系数和生根率，显著影响再生植株的培养周期和出苗质量。6-BA、玉米黄质（ZT）、吲哚乙酸（IAA）、NAA和吲哚丁酸（IBA）是百香果增殖培养过程中常用到的植物生长调节剂，利用它们进行不同组分、浓度的组合可以产生不同的增殖效果。研究报道，在MS培养基中以6-BA、IAA为主要生长调节物质，当二者浓度分别是1.0毫克/升和0.2毫克/升时，不定芽增殖系数最高，为5~6，丛生芽较多，且植株长势旺盛（何秋婵，2021）。此外，6-BA与IBA的组合也可取得较理想的增殖效果，在MS培养基中添加1.0~1.5毫克/升6-BA和0.1~0.2毫克/升IBA可获得较高的增殖系数，增殖系数为5~6，同时也达到壮苗的效果（杨冬业，2012）（图4-3、图4-4）。

图4-3 单芽增殖诱导

图4-4 丛生芽生长与壮苗

（四）生根与移栽驯化

在百香果生根诱导试验中，与不定芽诱导相比，生根的诱导难度大，需要进一步优化，提高生根率（图4-5）。进行壮苗伸长培养的茎枝在切离丛生芽后，接种至生根培养基中，发现基部表皮生根的同时也长出愈伤组织，而最好的生根培养基类型为1/2MS培养基，在其中附加0.1毫克/升NAA和IBA时，诱导的根粗壮、数目多、生长良好（杨冬业，2012）；当添加0.3毫克/升NAA+20.0克/升糖+3.8克/升卡拉胶时，培养20天后生根，根长达到4厘米，生根率达到95%以上（何秋婵，2021）。也有研究表明，在MS培养基中附加0.3毫克/升NAA作为生根培养基也能有良好的生根效果，生根率81.3%，根长1～2厘米，平均根系数量1～2根/株，但根系生长不均匀，生根较慢（苏艳，2020）。

图4-5 生根诱导

将根长达2～3厘米的组培瓶苗移入大棚或温室内炼苗7天，揭盖后在自然光下再炼苗2～3天，炼苗过程中应避免阳光照射灼伤幼苗。用镊子轻轻地取出瓶内幼苗，自来水洗去附着在根部的培养基，并用高锰酸钾或多菌灵消毒5～10分钟，移栽至经高温灭菌的带营养土的营养杯中，浇足定根水，保持空气相对湿度70%～80%，遮光率60%～70%，室内温度26±2℃。移栽后精细管理10～15天就可长出新根与新叶，瓶苗冒出新叶后可适当追肥，进行常规苗期管理。百香果适宜生长温度是26～28℃，忌高温，凉爽、遮阳有利于幼苗成活，因此夏季移栽驯化要注意栽植环境条件的调控（图4-6）。

　　随着百香果种植面积越来越大，百香果种苗遭遇品种退化、病毒病危害和苗木混乱的现象。百香果组培快繁技术是培育优良、纯正、健康种苗，实现种苗脱毒，保持亲本优良性状的重要途径。

图4-6　室内移栽驯化

第五章　百香果高效栽培管理技术体系

一、百香果果园建立

百香果属于典型的多年生热带藤本水果，喜光喜温。春季种植的百香果，当年7月即可开花，9月可收果。第二年以后，每年2—3月开始开花，温度适宜的情况下，一年可开5～6批花，每批花相隔约20天，夏季从开花到果实成熟需60～70天，冬季约需100天，果实收获期达4个多月。为了达到预期的经济效益，需要因地制宜，科学合理地构建种植园，在建园时需要综合考虑果园的气候、土壤、水源等环境因素和交通、安全等客观条件。

（一）选址的基本条件

百香果的适应性强，当大面积种植时，最好选择光照充足、通风较好、排水良好、地势较为平整、交通便利的地方建园。

百香果的正常生长发育需要一定的环境条件。选址时，首先考虑的主要有温度与光照条件，其次是土壤、水分等。

1.温度　百香果最适宜的生长温度为15～33℃。33℃以上、15℃以下时生长缓慢，低于10℃基本停止生长，6℃以下嫩芽出现轻微寒害，低于4℃时叶片和藤蔓嫩梢干枯。紫果西番莲能经受−3℃或−4℃的低温，仅是秋梢幼嫩组织表现出轻微冻害。

百香果比较抗平流低温，但抗辐射低温能力较差，因而霜冻易引起受害。霜冻较重时，地上部干枯死亡，但来年升温后通常还可以继续发芽生长。

高温干旱季节，百香果生长缓慢，叶子易灼伤，变黄或褶皱，抗逆性降低，部分植株茎干或茎基部发生病害，导致整株死亡。开花结果期遇到高温干旱，水分缺乏，则花芽不能正常发育，继而变黄脱落，部分果实会发生褶皱甚至萎缩脱落。

2.光照　百香果作为热带藤本果树，充足的光照可以促进枝蔓生长和营养积累。在光照不足的情况下，植株生长缓慢，徒长枝多难结果（图5-1），果实难转色（图5-2），病虫害也更容易发生；而在烈日曝晒、高温烘烤的情况下，则叶色变黄，叶片边缘上翘，枝条抽生少，生长缓慢，甚至引起果实萎缩脱落，并导致产量减少和品质下降。

图5-1　光照不足长枝不结果　　图5-2　光照不足果实难转色

百香果为长日照植物，长日照（日照时数＞12小时/天）可促进花芽形成和开花。在年日照时数2 300～2 800小时的地区，百香果营养生长好，养分积累多，枝蔓生长快，一般在早春定植后，水肥等栽培管理工作到位的情况下，当年夏初就能不断开花结果，中秋前第1批果实即可采收上市。

3.土壤　百香果的适应性强，对土壤条件要求不高，但不能在低洼积水的地方建园。土壤土层至少有0.5米，且土壤肥沃、疏松、排水良好，土壤pH以5.5～6.5为宜。pH小于5.5时酸性太高，则易引发茎基腐病，需要在夏季高温多雨季节来临前用石灰等中和部分酸性，改良土壤。

土壤水分过多（如浸水）、湿度大，容易引起病害，如茎基腐病等。百香果根部浸泡水中3～4小时后，由于缺乏氧气，根系呼吸受影响，地上部生长受阻，造成叶片老化、脱落，茎基部肿大、松裂，生出点状白色松软组织，并长出不定根。夏季高温期浸水伤害更加严重，但冬季浸水症状则较轻。因此，百香果较适宜种植在排灌良好的地块上。

4.水分 百香果整个生长期需水量大，尤其是花期和坐果期，缺水易导致落花落果。因此，建园选址时，需要了解灌溉条件，保证园区四周有稳定的水源（图5-3）。

从传统农业种植条件来讲，年降水量在1 500 ～ 2 000毫米且分布均匀的条件下，百香果生长最好，商品性发展种植地区的年降水量不宜少于1 000毫米。但在现代农业生产技术

图5-3 果园必备稳定水源

条件下，可以通过设施对水分的供应进行科学合理的调节，优化百香果的水分供应。在缺水的条件下，百香果节的数量和节间长度会明显减少，全蔓的伸展长度缩短，导致开花数量减少，降低产量。同时，缺水还会使茎秆变细，卷须变短，叶片与花朵变小，侧根较少，叶片褪色，新生腋芽（梢）死亡，叶片边缘和顶端出现坏死。缺水引起磷、钙、锰、铁、锌和硼的含量下降，影响百香果养分吸收和新陈代谢，从而影响植株正常生长发育。

（二）建园设计

1.**总体规划** 建园时要规划好种植区、道路、包装场、工具房、防风林带以及排湿防洪系统、安全防护等，清除种植区内的杂草、树木或其他有碍耕作的杂物、石头等，平整土地，可全垦、行垦或穴垦。山地种植时，果园开垦时要求种植带宽1.1米以上，向内倾斜5°～ 8°，种植带边缘筑起高20厘米、宽30厘米的小埂。

2.排灌设计　在排灌设施设计时，需根据实际种植地形、面积和水压条件，设计主管与辅助管道，通常主管直径为110毫米，辅管与喷灌或滴灌带的布局根据种植垄来确定，有条件的可考虑增加顶喷设施。

3.支架设计与规划　百香果为蔓性藤本植物，依赖棚架支撑才能正常生长发育。实践证明，同一时间定植，搭架植株已挂果，不搭架植株未见挂果。此外，搭建棚架便于管理和采收，也创造了良好的光合空间和通风透气环境，减少病虫害的发生。目前，生产中主要采用平顶式的搭架方式，方便采果，棚架下不长草，观赏性强，适合用于观光旅游区的种植；垂帘式的搭架方式修剪较方便（图5-4），也是目前的主推方式。支架的材料主要为水泥柱或钢管，也有农户为了降低搭建支架的成本，采用竹竿作为支架材料。

图5-4　三线垂帘式的支架设计

4.交通与安全设施布局　在外部条件方面，首先需要考虑安全性，社会治安好，确保生产出来的果品不丢失，不造成直接损失；其次，种植材料的输入、果品的输出都需要便利的交通条件，避免运输成本的增加。因此，在设计时，需要考虑监控、防护栏等安全设施和环园路等交通条件的合理布局。

二、百香果常规栽培技术

（一）种植准备期

1.选地整地　选择土层深厚、土质松软、有机质含量高、排水良好的地块，要求全年最低温度0℃以上，全年无霜期，海拔

2 000米以下，pH在5.5～7.5。种植前翻土2次以上，生石灰消毒，挖沟（沟深20厘米），起垄（垄高20厘米）。

2.搭架　结合所选区域和种植模式，可采用水泥柱、竹、木、钢管等材料进行搭架。常见的搭架类型有平棚式、垂帘式（篱笆式）、平棚+垂帘式等。

（1）平棚式。该模式可以结果的三级蔓和二级蔓在一个平面上，叶片多数生长在上面，果实生长在叶片下面，阳光无法直射到果实和地面上，叶片长得过密，通风透气性不良，造成果实色泽、品质不佳，病虫害也增加（图5-5）。

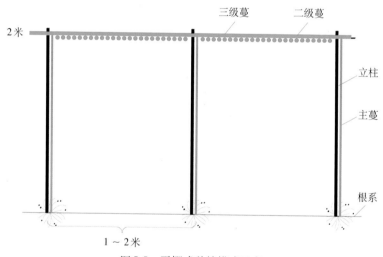

图5-5　平棚式种植模式示意

（2）垂帘式（篱笆式）。株行距3米×（1.5～2.0）米，垄高30厘米、宽70厘米。该模式的枝条垂帘状生长，阳光直射到所有果实、叶片和地面上，通风透气性好，病虫害较少。开展施肥、剪枝、摘果、喷药等工作非常方便，大大提高了工作效率。高密度种植，每亩种植200～300株苗，每株苗开花结果的枝条约有30条，每条有4～6个果实。其中，双层垂帘式（篱笆式）种植模式见图5-6。

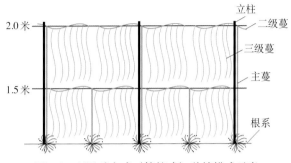

图5-6　双层垂帘式（篱笆式）种植模式示意

（3）平棚+垂帘式。该模式株行距（0.7～1.0）米×（2～4）米、垄高15～20厘米、宽1.0～1.2米，每亩种植200～300株，可充分利用空间，增加种植密度，提高产量。该株距下，叶片不会重叠，自然生长不会缠绕，通风效果好，光合效率高。病虫害发生概率降低，喷药次数减少，降低人工和农药成本，促进功能叶发育和叶面积增大。以二级蔓为坐果枝，每条留花量为8～10朵，果实4～6个。减少枝条数量，降低修剪量和人工成本。重点培育健壮的主蔓或一级蔓，提高营养利用率（图5-7）。

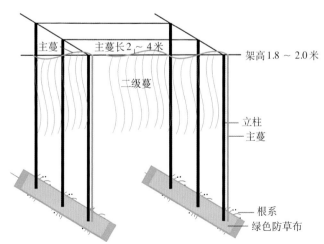

图5-7　平棚+垂帘式种植模式示意

3.定穴定植　每穴规格为50厘米×50厘米×50厘米。施用百香果专用有机肥或发酵后的农家肥15千克/株作为基肥，和土壤充分搅拌均匀，填入穴内，再覆盖表土，使幼苗根茎高于地面10厘米以上种植，浇透定植水，覆盖黑色薄膜（每株2米²），保水防草（图5-8），有条件的可换用黑色地布。

图5-8　定植穴示意

（二）苗期塑形管理

1.定植成活后7～10天的管理

（1）施肥。

①枪施方式。枪肥宝稀释150倍（总浓度电导率不高于3.5毫西门子/厘米），每株施用稀释液3～4千克。

②穴施方式。将尿素按照1：（100～150）用水稀释。施肥间隔15天1次，连续施肥2～3次，每株施用尿素水肥稀释液3～4千克。施用尿素水肥时尽量避开高温天气，如遇连续高温天气，可选择6:00—11:00、17:00以后进行。

（2）促根措施。按照商品包装说明使用百香果专用促根剂灌根。

2.主蔓上架前，株高1米时的管理　主蔓上架前以施肥为主。主要施肥方式为：

①枪施方式。枪肥宝稀释80～100倍液+尿素稀释200倍液+硫酸钾稀释200倍液，以施肥枪施用，每株施用稀释液8千克。施肥时间隔30天1次，连续施肥2次。

②穴施方式。在距植株30～40厘米处挖环状沟或四方穴（规格为25厘米×25厘米×25厘米），施用氮磷钾平衡肥，如氮：

磷：钾为15：15：15的复合肥或其他含量的平衡肥0.25千克/株，浇水后待水肥渗透完全后再覆土。

3.主蔓上架后的管理

（1）施肥。施用高钾中磷低氮型复合肥0.25千克/株。有条件的可施用枪肥宝80～100倍液+硫酸钾300倍液，每株施用稀释液8千克。20天施用1次，根据长势和挂果量增加施用次数。

（2）摘顶控势。梯形斜棚苗1米高时摘顶，双层棚苗上棚后有4片叶时摘顶，促发二级蔓挂果。

（3）控制跑苗。二级蔓营养生长过旺时，可通过扭枝抑制营养生长，促进花芽分化。

（三）整形修剪

1.上架前修枝方式　幼苗定植成活后，应及时扶梢（绑枝）、抹腋芽和花芽，保留枝条叶片，直至主蔓上架。

2.上架后修枝方式　所有主蔓沿线按统一方向生长至边缘，去顶；侧蔓沿横向线生长至边缘，去顶；所有挂果枝下垂生长，保留8～10朵花蕾，摘卷须后去顶，长度在50厘米以内。

（四）叶面营养管理

全生长期除花期以外，均可喷施高钙肥500～800倍液，15天喷施1次，全季不低于5次，可以与非碱性农药混合施用。

定植成活后7～10天，叶面喷施氮磷钾液体复合肥1 000倍液+高钙肥800倍液+尿素800倍液+98%硼酸2 000倍液，促进植株快速生长，缩短上架时间，增强抗逆性。

见花蕾前，叶面喷施氮磷钾液体复合肥1 000倍液+磷酸二氢钾1 000倍液+高钙肥800倍液+98%硼酸1 500倍液。

见花蕾时，叶面喷施氮磷钾液体复合肥1 000倍液+磷酸二氢钾1 000倍液+高钙肥800倍液+98%硼酸2 000倍液。

坐果后，喷施氮磷钾复合肥2 000～3 000倍液+磷酸二氢钾1 000倍液，20天喷施1次。

（五）采后管理

1.修剪

（1）采收后修剪。在果实成熟采收后，将每个侧蔓留1～2节进行短截处理，促使其重新长出侧蔓。

（2）夏季修剪。应将向下生长多余且过密的侧蔓剪除掉，以促进百香果二次开花结果。对于垂下拖延到地面的枝条，从距离地面20～30厘米处剪除，以保持通风良好。

（3）冬季修剪。以主枝为中心，一侧留50厘米左右进行修剪，缠在棚上的枝条卷须要全部去除。

（4）常规修剪。采果后的结果枝、瘦弱枝、病虫枝、残枝及时剪去，在枝蔓上留2个芽眼，及时抹去架面下主蔓及基部所发出的侧芽嫩枝。

2.追肥 百香果每次采果之后要及时追肥（有机肥、复合肥、钙肥、硼肥），保证后续果实生长发育营养供应充足。

三、百香果山地栽培技术

（一）科学建园

1.土地平整工程 改土开挖，按照"大弯随弯，小弯取直"的原则进行，要求台位清晰，台面相对平整，台面宽度3米以上（最少不低于2.5米），外高内低（低20～30厘米，即坡度5°左右或坡比1%左右），排水通畅，上下两台台位高度一般不超过3米，台面表土剥离后开挖底土及石骨深度不低于50厘米，每台台位均应与作业道或支路及主路平行连接。

2.田间道路工程 包括主路、支路、作业道和道路布局。

（1）主路。开挖硬基础深度为0.5～1.0米，路面宽度大于6.5米；若无硬基础时，应采用块石或沙砾石等材料进行填筑并压实，厚度为15～20厘米，宽度5米以上。路面平整分层压实，向内倾斜1%～2%，最大纵坡倾斜10%。在与公路及支路交会处应采用Y形交叉，并在道路转弯的地方设置弯道，保证排水通畅。利用道路路面内倾及纵坡将水流汇集到自然溪沟，通过暗涵向外排水。

（2）支路。开挖硬基础深度大于0.5米，路面宽度4.5米以上，其路基、路面、边坡、排水沟和涵管安装等技术要求与主路相同。

（3）作业道。作业道尽量选择在低凹处，易于排水，并与主路、支路和各梯台位相连，进出通畅。开挖硬基础深度0.5米以上，排水方式为自然排水，路面向内略倾斜，纵坡倾斜程度比主路、支路略大一些。

（4）道路布局。主路与各类通畅公路连接，支路与主路连接，作业道与主路或支路连接形成整体道路网络，所有连接处均为弧形连接（S形或Y形等）。

3.搭棚建设　结合山地的坡度及地势特点，采用平棚+垂帘式种植，其主要优点如下：

（1）（70～80）厘米×（2～4）米株行距，降低株距以增加每亩株数，充分利用山地空间，种植密度大，相对减少了杂草的水肥利用量，实现果树生长的高效肥水利用。

（2）70～80厘米株距下，叶片不会重叠，自然生长不会缠绕，通风效果好，光合效率高，病虫害发生概率降低，喷药次数减少，降低人工和农药成本，促进功能叶发育和叶面积增大。

（3）防草布的施用利于保水、防草（减少病虫害和蚜虫传播病毒），并且美观。

（4）将果园土地起垄高出地面15～20厘米，可使百香果根系不遭受水淹，避免发生茎基腐病等病害。

（二）选择适宜种植品种和健康种苗

选择具有一定耐寒性或抗寒性的品种，优先选择根系发达、抗病性强、抗逆性强、亲和力强的优质嫁接苗，株高40～50厘米。

（三）定植

定植于台面边缘，利于机械化除草机进行田间操作和果实统一采收，降低劳动力成本。定植穴尺寸不低于65厘米×65厘米×65厘米，株行距为（70～80）厘米×（2～4）米。将百香果专用有机肥或农家肥（不低于10千克/株）作为基肥加入定植穴底部，和土壤充分搅拌均匀，再覆盖表土10厘米以上，使幼苗根茎高于地面10厘米以上种植，浇透定植水，可用黑色防草布（每株2米²）或降解膜保水防草。通过重施有机肥，减少补肥次数和病虫害药剂喷施次数，可降低水肥投入成本和劳动力成本。

（四）营养生长阶段管理

参照第五章中的第二部分苗期塑形管理穴施方式进行。

（五）生殖生长阶段管理

1. 主蔓上架后的管理　施用低氮高磷钾复合肥0.25千克。有条件的施用枪肥宝80～100倍液+硫酸钾300倍液，每株施用稀释液8千克，20天施用1次，根据长势和挂果量增加使用次数。幼苗时期可选用挖坑施肥，上架后不可动土施肥，以免造成根系受损，感染根腐病和茎腐病等。

2. 花期管理　做好相关引枝工作，去除无花蔓，合理补充施用磷钾肥、硼肥以及中微量元素肥料，避免施用高氮肥，同时通过喷施磷酸二氢钾、硼酸等叶面肥，促进开花、保花和坐果。如果前期花量非常大，可以适当疏花，以保证后期结果品质。可以采用蜜蜂传粉和人工授粉相结合的方式，通过前期使用针对百香果授粉研发的快速授粉工具进行人工高效辅助授粉，以提高授粉效率，从而将70克以上的优果率提升10%，减少人工投入。

3. 果期管理　合理施用磷钾肥、有机肥、中微量元素肥，配合施用叶面肥，促进百香果着色均匀、甜香爽口。重点加强果园管理，老熟重叠叶子要疏剪，以达透光、通风为准，有利于减少病虫害的发生。

（六）叶面营养管理

参照第五章中的第二部分叶面营养管理进行。

（七）树形构建

根据搭架模式，利用二级蔓垂帘挂果，减少枝蔓数量，重点培育一、二级蔓，有利于一级蔓的发育、健壮，提高营养的利用效率和效果，同时充分利用空间，保证树体生长周期的通风透气，降低病虫害发病概率，提高坐果率（图5-9）。

图5-9　百香果山地节本增效树形构建田间示意

幼苗定植成活后，主蔓上架前，应及时扶梢（绑枝）、抹腋芽和花芽，保留枝条叶片，直至主蔓上架。由于果树幼年期的开花结果耗费营养较大，不利于树体的生长，所以果树幼年期抹芽对树体的生长至关重要，有利于实现主蔓的健壮生长。

主蔓上架后，沿棚架按统一方向生长至2～4米后，进行摘梢去顶，及时绑定主蔓或一级蔓，同时保留主蔓上架后生长出来的二级蔓，让其自然下垂，保留8～10朵花蕾，摘卷须后去顶，长度在50厘米左右。通过减少绑枝次数和取消二级蔓绑枝，降低人工成本。

（八）采后管理

1.修剪　在果实成熟采收后，将每个二级蔓留2～4节统一进行短截处理，促使其重新长出侧蔓，这样能大大提高工作效率，降低人工成本，且利于新生坐果枝条二、三级蔓的萌发，缩短坐果周期。

2.追肥　采果后，埋施或撒施有机肥，同时配合添加氮：磷：钾为15：15：15的复合肥0.15千克/株+硝酸铵钙0.1千克/株+中量元素肥0.05千克/株。每隔15天在叶背面喷尿素和磷酸二氢钾或过磷酸钙，可以提高叶片的光合能力，增加枝条营养。

（九）山地栽培百香果注意事项

1.科学施肥　百香果施肥工作需要分阶段进行，这也是保障高产的重要环节，但同时也造成了人工成本的增加。因此，通过重施有机肥，减少补肥次数和病虫害药剂喷施次数，可节约水肥投入成本，降低劳动力成本。

2.加强病虫害的防治　应在初期阶段就进行病虫害的防治，防止危害扩大蔓延。

3.做好极端天气的防护　百香果属热带水果，需应对连续暴雨、长期阴雨和低温等极端天气，应开展及时有效的预防。暴雨时，应该注意防止积水和疏通排水，并辅以抗茎腐病的农药喷施；对于长期阴雨天气，应做好病害和虫害等的防控和防治；对于低温，要选择适宜的耐低温品种，选择合理的种植时间，结果期避开低温天气等。

四、百香果间（套）种栽培技术

选择株距2.0米以上、行距2.5米以上、透光率比较大的槟榔园，利用槟榔树作为柱子，牵引网状钢塑线。于槟榔树株距中间挖穴施用有机肥或发酵后的农家肥作为基肥，和土壤充分搅拌均匀，覆盖土壤种植百香果。常用的两种槟榔园林下百香果立体栽培模式，分别为平顶式（图5-10）和垂帘式（图5-11）。平顶式待主蔓上架后去顶，生出二级蔓继续延伸，三级及以上枝蔓延伸生长挂果；垂帘式主蔓沿着钢塑线生长，垂下二级蔓作挂果枝，每两行槟榔为一个单元，空出旁边空间利于槟榔管理和采收。针对园中部分槟榔苗死亡缺失的情况，在死苗旁边种植新的槟榔苗，小槟榔树喜阴，可以在百香果的防护下健康成长，第三年即可超过百香果棚的高度。

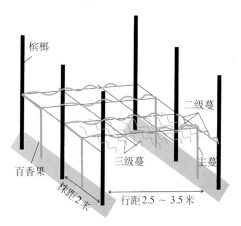

图5-10　平顶式林下栽培模式示意

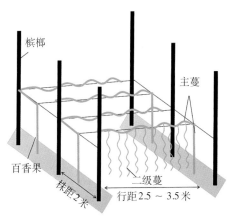

图5-11　垂帘式林下栽培模式示意

第六章 百香果生长调节技术

一、水分与树体管理技术

（一）合理供水

百香果是直根系植物，喜湿润，但又忌积水。百香果生长速度快，需要大量的水分，新梢萌发期、花芽分化期以及果实迅速膨大期（果实发育前中期）都是需水关键期。而在花芽生理分化前及果实生长后期需要较干燥的环境，利于保证果实品质。

土壤缺水会限制百香果的营养生长和产量。土壤过于干燥（水势小于或等于－150帕），会影响藤蔓及果实发育；严重时，枝条凋萎，果实不发育，并常发生落果现象。春季或夏初土壤如果缺水，也会影响花芽分化并直接造成夏季产量下降。因此，在开花结果期间，水分偏少地区最好能进行灌溉，保证土壤水分充足。

灌水过量或雨水过多而造成浸水时，对百香果的生长也不利。长时间浸水会使原有根系完全遭受破坏，需由茎与根基部或水面以上部分长出不定根，来取代原有根系，会对百香果植株造成很大伤害。

田间管理中合理的水分供应极为重要，炎热季节于9:00前、下午日落后浇水，避免高温浇水伤根。

（二）树体管理

百香果极易被碰伤，田间操作不慎或强风暴雨都会伤害植株，尤其是弄伤主蔓，给病虫害提供可乘之机。田间作业时，发现病残植株要及时处理，轻病株及时防治，重病株及时拔除烧毁，并对病穴及周围土壤进行消毒。除了注意田间操作外，还可以用除草剂杀灭田间杂草，既高效、无毒、成本低，又可减少机械损伤，降低发病率。但不能用草甘膦等灭生性除草剂，而且要特别注意不能喷到百香果的枝叶上。经常有台风或强风地区，篱笆一般不要高于1.6米（其他地区可在1.8～2.0米），最好营造防风系统，降低大风造成的损伤。冬季易受霜冻寒害的园区，尽可能设立防寒系统，注意保护主蔓等地上部分。

采果后要尽早进行整形修剪，控制棚架上的枝蔓密度。修剪最迟也应在10月上旬结束，否则11月后新梢将变少变短。易受寒害的地方，在刚收完果的1—2月修枝，能促使结果蔓抽生更多的多级分枝，增加花蕾数和挂果数。修剪以主蔓为中心，一侧留50厘米左右（树冠冠幅约1米）进行修剪，缠在棚上的卷须要全部去除。重剪后马上萌发许多秋梢，能成为翌年的结果蔓，这种结果蔓萌发多，能确保开花数，因此在过冬前至少要长够20个节，且保证枝蔓壮实。

此外，3月底对抽生的过长枝蔓、病虫枝蔓作回缩修剪，可能会刺激植株抽生出较多的多级侧蔓，达到增加花蕾、挂果数量的效果，有利于提高产量。因此，春季是否进行修剪，要根据当地栽培品种、管理水平及气候条件等决定。

二、百香果实生苗多级修剪缩短坐果周期技术

多级修剪处理，能够在不影响百香果植株生长的同时，缩短实生苗的童期，实现当年开花、当年坐果。同时还能缩短园艺栽培的百香果实生苗开花所需的时间，增加其观赏价值。

（一）苗期修剪

种子播种出苗后，待幼苗长至20厘米时，用剪刀剪去顶芽（记为一级修剪）。

幼苗长至35厘米时，用剪刀剪去顶芽（记为二级修剪）。

幼苗生长至50厘米时，用剪刀剪去顶芽（记为三级修剪），去

顶后及时浇水，保障幼苗再次出芽所需水分。

（二）定植后修剪

经苗期修剪后的主蔓长至60厘米时，开始定植，插设支柱，引蔓上架，间隔5天抹芽1次，抹芽时应保留去顶枝蔓上生长状况良好的侧芽1个作为再次生长的主蔓，记为主蔓Ⅱ。

待主蔓Ⅱ生长至90厘米时，对主蔓Ⅱ进行去顶（记为四级修剪），同时保留其上生长状况良好的侧芽1个作为再次生长的主蔓，记为主蔓Ⅲ。

待主蔓Ⅲ生长至140厘米时，对主蔓Ⅲ进行去顶（记为五级修剪），同时保留其上生长状况良好的侧芽1个作为再次生长的主蔓，记为主蔓Ⅳ。主蔓Ⅳ进行去顶后追施1次复合肥和钙镁磷肥，保证植株生长所需要的营养成分。

待主蔓Ⅳ生长至棚架顶后（架高1.8米），引导植株横向同一方向生长，横向生长1.5米后，进行去顶处理（记为六级修剪）。主蔓Ⅳ去顶1周后，用0.3%磷酸二氢钾进行叶面施肥。

三、百香果花果期施肥调节技术

百香果的花芽由芽复合体发育而来，想达到花芽分化的目的，除了做好光照、温度、水分的养护措施外，花果期管理中施肥调控也十分重要。

（一）促花肥

一般是在百香果上了棚架后，在开花前的15天左右施促花肥，促进营养吸收，提高花朵的品质。促花肥一般以高磷高钾型复合肥为主，在花凋谢后可以施入适量的花后肥或壮果肥。在花量不理想的情况，可采取保花措施，如增加喷施磷酸二氢钾和硼酸、人工降温、人工授粉等。

（二）壮果肥

在百香果开花坐果后即可以施入壮果肥，一般是 2 ～ 3 周 1 次，促进果实膨大，提高品质。壮果肥主要以磷钾肥为主，但是也需要注意中微量元素的补充，例如钙、镁等元素。如果遇到了高温干旱的情况，应该将肥料与水兑在一起喷施，这样既保证了百香果的所需营养，又能及时补充果实发育所需水分。

第七章 百香果病虫害综合防治技术

一、百香果常见病害防治技术

（一）非侵染性病害

1. 缺素 在挂果盛期，因营养消耗量大，容易出现缺素症状（图7-1）。缺素后，植株抵抗力弱，易出现病害综合症状。

防治方法：花果期加强水肥管理，尤其是老园，加强微肥管理。

2. 温度异常 田间温度过高，出现藤叶干枯、落花等现象；温度过低，出现停长、僵苗等现象。

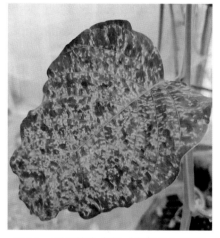

图7-1 严重缺素症状（病害综合症状）

防治方法：高温季节，加强水分管理，可设置流动循环水沟，定期进行浅水漫灌，有条件的可设置顶喷设施，作降温处理。低温时，可通过覆盖增加地温，缓解影响。

3. 积水 大田生产中，水分管理不到位导致的生理性病害也较为常见。如滴管设施破损，植株根部大量积水；或连续大雨，田间排水不畅，植株根部严重积水，植株出现萎蔫、落叶、根部发黑等症状。

防治方法：果园建园时，优先考虑土质疏松、排水良好的地块或坡地和山地；果园地块积水时，可通过起高垄30～50厘米或挖30～50厘米深的排水沟进行排水，严重时可二者同时进行，必要时可在果园外挖一圈低于果园内部的排水沟将水引出果园。

4.药害　日常管理中，由于除草剂喷施不当，导致药害的情况时有发生。一般施除草剂后1周内出现植株发黄、落果等现象。

防治方法：正确使用除草剂，在距离植株根部30厘米左右处施用，或根部加防护套。

（二）侵染性病害

1.病毒病　全生育期均有发生，侵染百香果病毒种类多，多为混合侵染，以花叶病毒病为主，主要表现为花叶、畸形，部分病毒病可引起木质化（图7-2）。

防治方法：应以预防为主，确保所用种苗不携带病毒病；在即将转入花期前，定期叶面喷施0.5%氨基寡糖素水剂、香菇多糖等进行预防。苗期发现病株，立即拔除。已进入盛花盛果期且发病率较高时，可停止拔除病株，采用定期喷施抗病毒剂延缓表现症状。

图7-2　百香果病毒病症状

2.疫霉病　又称疫病，多在雨季或越冬后高湿环境中发生。百香果疫病危害叶片时，被害部位初期叶缘呈水渍状病斑，不久转为深褐色，向四周扩大，叶片变棕褐色坏死，大田病株嫩梢变色枯死，严重时导致幼苗及整株死亡。危害果实时，初期果实表面出现灰绿色水渍状病斑，后期果实腐烂，继而发展为果实内部腐败，高湿时病部产生白色霉状物。危害茎蔓时，可发展形成环绕枝蔓的褐色坏死圈或条状大斑，最后整株枯死（图7-3）。病原菌残存在土壤中，高温多湿时释放出孢子进行侵染，排水不良地区发生严重。

防治方法：30%王铜悬浮剂或甲霜·锰锌粉剂喷雾或涂抹防治，每隔10～14天1次。

图7-3 百香果疫霉病症状

3.茎基腐病 全生育期均可发生，其中5—7月（多雨、高温）是百香果茎基腐病的高发期。主要表现为主茎基部软腐，植株慢性死亡。病部初期水渍状，后发褐，逐渐向上扩展，可达30～50厘米，其上茎叶多褪色枯死。茎基部潮湿时可生白色霉状病原菌，茎干死后有时产生红橙色的小粒点（图7-4）。

防治方法：可用20%噁霉灵乳油预防，每月淋1次，均匀淋

图7-4 百香果茎基腐病症状

在植株根部周围的土壤中。已发生茎基腐病的茎蔓，要把腐烂部位刮除后，再用甲霜·噁霉灵和噻森铜涂抹病部及周围，延缓症状。

4.褐斑病 多发于高温、高湿季节，叶片、果实均可受害，主要靠空气传播。叶片感染时，初期在叶片上出现褐色小斑点，以后病斑逐渐扩大，病斑部组织革质化，后期病斑呈轮纹状。果实感染时，初期也出现褐色小斑点，以后逐渐扩大，病斑部向下凹陷（图7-5）。

防治方法：在发病初期，用25%嘧菌酯悬浮剂加40%百菌清悬浮剂兑水稀释后喷雾，隔2天用60%唑醚·代森连水分散粒剂交替使用；或用40%腈菌唑乳油，5～7天1次，连喷3次。发病严重时，可追施微量元素硼。

图7-5 百香果褐斑病症状

5.煤烟病 又称煤病、煤污病，高温高湿和枝叶有灰尘、蚜虫蜜露等情况时易发病，主要危害果实、枝条和叶片。叶片受害，叶片表面会出现一层疏松、网状的黑色绒毛状物（似煤烟），严重影响叶片的光合作用（图7-6）；花序受害，则会影响正常的开花授粉；果实受害，初期可以看见为数不多的小黑点，如同沾上少量煤灰，随着果实逐渐长大，黑点扩大成一片黑污色，通常由果蒂向下蔓延，严重时果面全部变黑。

防治方法：使用70%甲基硫菌灵或者50%硫黄悬浮剂稀释后均匀喷施，特别注意叶片背面要喷匀，正常喷过2次之后，7天左右能够防治煤烟病。

图7-6 百香果煤烟病症状

6.炭疽病 高温潮湿容易发生该病。叶片、茎蔓和果实均会出现黑褐色凹陷型水渍状病斑。发病初期，在叶缘产生半圆形或近圆形病斑，边缘深褐色，中央浅褐色，多个病斑融合成大的斑块，散生黑色小粒点（病原菌的分生孢子盘）；发病重的叶片枯死或脱落，引起枝蔓干枯和果腐。病菌在雨季借雨水传播到花穗或幼果上，也可从有伤的果柄或果皮侵入（图7-7）。

防治方法：加强田间管理，及时剪除并烧毁病枝病叶，减少田间菌量。采收后炭疽病引起的果实腐烂，可采用46～48℃热水浸果20分钟来防治。发病后用40%锰锌·三唑酮粉剂、30%苯甲·嘧菌酯稀释后，每7～10天喷施1次，连续喷施2～3次，可加入磷酸二氢钾同时喷施。

图7-7 百香果炭疽病症状

7.疮痂病　高温潮湿容易发生该病，结果期台风暴雨较多时，该病害较重。该病主要危害幼果，初期为褐色凸起小点，随后逐渐变为褐色木栓化唇瓣状突起，中间稍裂开（图7-8）；严重时常造成幼果落果，或果形小、皮厚、味酸甚至畸形，影响百香果品质及产量。

防治方法：加强田间管理，及时清除被害果实。发病后可用75%代森锰锌可湿性粉剂、75%百菌清可湿性粉剂、50%异菌脲可湿性粉剂等稀释后喷施，共喷3～4次，注意交替用药。

图7-8　百香果疮痂病症状

8.灰霉病　灰霉病是一种真菌性病害，属低温高湿型病害，当温度20～25℃、空气相对湿度持续在90%以上时为病害高发期。百香果的开花结果期易感染灰霉病，花蕾上常常长出灰色霉层，造成烂蕾、烂花、烂果，降低坐果率，严重时导致减产绝收（图7-9）。

防治方法：降低果园湿度，清理病花。发病后可用50%咯菌腈可

图7-9　百香果灰霉病症状

湿性粉剂、40%嘧霉胺悬浮剂、50%腐霉利可湿性粉剂等进行防治。

9.藻斑病　藻斑病在温暖潮湿的条件下容易发生，主要危害成熟叶和老叶，在叶片正面和背面均能发生，叶片正面发生较多。

藻斑病发病初期，叶片表面先出现针头大小的淡黄褐色圆点，小圆点逐渐向四周作放射状扩展，呈圆形或不规则形稍隆起的毛状斑，表面呈纤维状纹理，边缘缺刻。随着病斑的扩展、老化，呈灰绿色或橙黄色，后期病斑色泽较深，但边缘保持绿色，藻斑直径1～10毫米（图7-10）。

防治方法：果园要有排灌设施，注意排水。坚持正常修剪，利于通风透光，降低果园湿度。发病普遍的果园可施用80%波尔多液可湿性粉剂进行防治。

图7-10 百香果藻斑病症状

10.绿斑病 绿斑病在紫红果西番莲如满天星上发现较多，在黄果西番莲、紫果西番莲上也少量发生，易被误诊为疫病和炭疽病。茎上出现坏死斑，坏死斑扩大环绕茎导致植株死亡，叶片出现黄色病斑，果实畸形。会传染，严重时会造成全园植株枯萎死亡（图7-11）。

图7-11 百香果绿斑病症状

防治方法：少量发现要马上铲除，并喷杀螨剂、生石灰防止扩散。

二、百香果常见虫害防治技术

1.蓟马　蓟马在百香果整个生长期均可发生危害，主要为成虫和若虫锉吸百香果幼嫩组织（枝梢、叶、花、果实等）汁液。被害的嫩叶、嫩梢变硬卷曲枯萎，节间缩短，幼嫩果实木质化，严重时造成落花落果（图7-12）。

防治方法：可采用蓝板诱杀进行物理防治。采用20%呋虫胺悬浮剂和5%吡虫啉水分散粒剂稀释后进行喷雾。

图7-12　蓟马危害

2.介壳虫　主要发生于成龄植株，雌成虫和若虫把口器刺入枝干、果实和叶片后吸取汁液，使植物丧失营养和大量失水。被害叶片常呈现黄色斑点，提早脱落；幼芽、嫩枝受害后生长不良，常导致发黄枯萎。同时其会大量排出蜜露，引发烟煤病，严重时全株枯死（图7-13）。

图7-13　介壳虫危害

防治方法：全株喷施10%吡虫啉可湿性粉剂或0.2%苦参碱水剂。

3.斑潜蝇　成虫、幼虫均可危害。雌成虫将植物叶片刺伤，进行取食和产卵；幼虫潜入叶片和叶柄危害，形成带湿黑和干褐区域的黄白色虫道，虫道由细渐粗，蛇形弯曲，虫粪线状（图7-14）。受害植株叶绿素被破坏，影响光合作用，叶片脱落，造成花芽、果实日灼，严重时造成整株枯死。

防治方法：可用50%灭蝇胺可湿性粉剂，或1.8%阿维菌素乳油均匀喷雾。

图7-14　斑潜蝇危害

4.果实蝇/橘小实蝇　实蝇成虫产卵于百香果果实内，使果皮表面隆起，卵孵化后幼虫主要取食果肉，破坏其组织，使被害果实皱缩、发黄、腐烂。幼虫随受害果落地后，老熟幼虫穿出果皮入土化蛹，也有少数幼虫留在果内（图7-15）。

图7-15　实蝇危害

防治方法：可利用成虫的趋食性进行诱杀，如悬挂黄板、诱蝇醚(甲基丁香酚)等专用性诱剂等。必要时采取化学防治，可用溴氰虫酰胺悬浮剂、50%灭蝇胺可湿性粉剂、噻嗪酮粉剂等喷雾。

5.斜纹夜蛾 初孵幼虫在叶片背面群集啃食叶肉，残留上表皮及叶脉，在叶片上形成不规则的透明斑，呈网纹状。3龄后分散蚕食叶片、嫩茎，造成叶片缺刻和孔洞（图7-16）。

防治方法：可用5%虱螨脲乳油、5%氟啶脲乳油、20%除虫脲乳油或2.5%高效氯氟氰菊酯乳油喷雾防治幼虫，且在3龄幼虫之前防治效果最佳。

图7-16 斜纹夜蛾危害

6.丽绿刺蛾 幼虫多集中危害，被害叶片经常只留下叶片主脉，危害严重时可将叶片全部吃光（图7-17）。

防治方法：可用90%敌百虫晶体、50%马拉硫磷乳油、2.5%溴氰菊酯乳油等药剂进行防治。

图7-17　丽绿刺蛾危害

7.绿鳞象甲　成虫危害叶片和嫩芽，呈缺刻状，危害严重时可吃光全部的叶片和嫩芽（图7-18）。

防治方法：在成虫盛发期，用50%马拉硫磷乳油或90%敌百虫原药喷雾，均可有效防治该虫。

8.咖啡木蠹蛾　幼虫蛀食于植株木质部，至枝条枯萎，粪便由进入孔排出。以4—5月发生密度最高，9—10月次之。成虫产卵于叶柄基部或枝干表面缝隙间，每20～30粒1处，每头雌虫可产300～800粒。初孵化幼虫由穗轴、嫩枝或腋芽间蛀入蔓内危害，幼虫有迁移他枝继续蛀食的习性，老熟幼虫化蛹于食孔中（图7-19）。

防治方法：用注射器将敌敌畏注入幼虫孔道，毒杀幼虫，或使用2.5%高效氯氟氰菊酯乳油注射防治。

图7-18　绿鳞象甲危害

图7-19　咖啡木蠹蛾危害

9.朱砂叶螨 主要危害叶片，叶背取食，刺穿细胞，吸取叶液，使百香果叶片失绿、发黄或卷曲（图7-20），影响叶片正常生长，易传播病毒病。后期还会危害果实，果实表面呈现无数灰白色小斑点，果实畸形，容易折断和脱落。

防治方法：5%阿维菌素乳油加40%哒螨·乙螨唑悬浮剂稀释后喷施，顶部嫩叶和叶背也要充分覆盖。

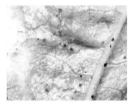

图7-20 朱砂叶螨危害

10.金龟子 幼虫（蛴螬）啃食根或幼苗，是主要的地下害虫之一；成虫危害植物的叶片、嫩枝、花蕾、果实等。咬食叶片呈网状孔洞和缺刻，严重时仅剩主脉。常在傍晚至22:00咬食最盛（图7-21）。

防治方法：糖醋诱杀。必要时采用化学防治，用1.8%阿维菌素乳油稀释后进行灌根或喷雾。

图7-21 金龟子危害

三、百香果病虫害综合防治技术

加强园区管理，果园不得积水。

选择健康种苗，提倡一年一种或两年一种，避免同茄科、瓜类套种。

及时彻底清除患病组织，必要时应清除整株并对土壤进行消毒处理。

适当修剪，清除田间杂草，加强通风透光，减少昆虫庇护繁衍场所。

整形修枝时注意刀具消毒，避免病虫害相互传播。

适度施用有机肥及含钙肥料，降低缺钙所造成的伤害，增强抵抗力。

可利用昆虫天敌或悬挂色板诱杀，虫口密度高时配合药物防治，也可使用性信息素等引诱剂诱杀，发现虫卵应及时销毁。

在种植的过程中，以防为主，以治为辅，控制植株不发病为最佳。减少化学农药的使用量，加强生物防治，通过科学合理的栽培管理措施，增强百香果抗病能力。

第八章 百香果采收及采后加工技术

一、果实采收技术

百香果从定植到开始采收周期较短，但采收期长，目前，主要根据果皮转色程度来判定果实的成熟度。生产中大批量集中采收一般在果皮70%转色时开始采摘，一方面为了减少质量损失，另一方面为了避免长途运输引起果实过度皱缩或腐烂。

国内以人工采收方式为主，尚未实现机械化采摘。果量较少时每周采收1～3次，成熟高峰期则需每天采收，避免果实失重而影响加工品质。收果时受雨露湿润的果实宜置于干燥阴凉处晾干，以免腐烂，且避免不同成熟度的果实混合采收或分装。据专家测定，自然落果发生前后1天，果汁含量最高可达42.5%，及时采收果实可减少质量损失10%～20%，同时香气也最浓郁。因此，对于做高档精品果或小面积种植户，可待果实完熟时采摘，或采取挂网承接，待果实自然脱落，直接收网，果实品质较佳。

二、果实保鲜技术

对于批量的果实，若不能立即加工或销售，可置于8～10℃低温室保存。实际生活中，完好的果实可置于自然通风条件下放置，保持果实表面干燥，保存期为7～15天（因品种、成熟度和果品健康度而异）。此外，可以直接放置在冰箱保鲜或使用保鲜膜（包膜前清洁果实表面，避免果面携带的细菌和水分的影响），可延长保存7～10天。我国台湾曾报道，自然落果至落果后不超出3天的果实品质最佳。

三、果实分级与包装技术

　　根据果实的大小与质量，将采收的果实进行分级（表8-1、标8-2），并按照不同等级进行包装。因百香果果皮水分含量较高，果实包装时需采用透气型容器，如镂空或有透气孔的礼盒，避免运输或放置过程中果实堆沤腐烂。对于批量长途运输的果实，一般是采收未完全转色果实，打包前自然风干表面水分，采用镂空塑料筐或泡沫箱（带透气孔）打包，打包过程中铺设报纸等吸水材料，避免运输中果实过于潮湿而腐烂。

表8-1　西番莲等级

项目		特级	一级	二级
成熟度		果肉、果皮颜色与该品种果实成熟时一致		
果实横径/厘米	黄果西番莲	≥7.0	≥6.0，<7.0	≥5.0，<6.0
	紫红果西番莲	≥6.5	≥5.5，<6.5	≥4.5，<5.5
缺陷		无皱缩，无缺陷	无皱缩，允许轻微的磨伤，其总面积不超过1.0厘米^2，无褐变	允许不影响果肉质量的皱缩及损伤、磨伤、日灼、病虫害、冻害等果面缺陷的总面积不超过2.0厘米^2

资料来源：NY/T 491—2021《西番莲》，下表同。

表8-2　西番莲规格

规格	黄果西番莲	紫红果西番莲
	单果质量/克	单果质量/克
大（L）	>90	>85
中（M）	70～90	68～85
小（S）	<70	<65

四、百香果加工技术

（一）果汁、果皮和种子加工

百香果加工取汁的主要方法为压榨法，即先压榨，再打浆，后过滤取汁。夏威夷设计了加工机械，经切片再离心分离果壳、种子，然后过滤取汁，每小时可加工2.27吨果实。新西兰将切半的百香果送入一个吸入式装置，把果汁和种子分离。用果胶溶解酶和果胶酶处理果瓤能增加53%的果汁提取量，处理后的果汁较稠，且理化性质不变。

百香果果皮占果实质量的50%～60%，不仅是一种优良的饲料，还可以作为肥料使用。未熟果皮含有产氰物质——野黑樱苷，但随着成熟度增加而下降。果皮含有果胶，鲜皮果胶得率为2.4%～3.0%，果胶的凝胶性能良好。

百香果种子占果实质量的13.6%（紫果）或7.4%～11%（黄果）。种子含10%的蛋白质和20%以上的油，榨取率为19%～32%。百香果籽油成分类似向日葵籽油，最主要的脂肪酸为亚油酸（55%～67%），可供食用，也可作牲畜的脂肪补充物，其饲料价值和可消化性可与棉籽油相比，消化系数达98%，但其脂肪酸含量高，易酸败。此外，百香果籽油还可用于涂料和清漆。

（二）百香果发酵酒基本酿造工艺

百香果发酵酒酿造中原材料尤为重要，百香果发酵酒品质取决于百香果特有的风味，其中以香气浓郁的百香果为最佳，目前宜选用芭乐味浓郁的黄金百香果进行酿造。其基本酿造工艺流程包括百香果表皮清洗并消毒→无菌取出百香果肉→加二氧化硫、果胶酶、酿酒酵母→加糖、低温控温发酵7～20天→皮渣分离（原浆酒和酒渣分离）→加二氧化硫陈酿20天→低温恒温、自然澄清、多次无菌倒罐（3～4个月）→加二氧化硫、装瓶、低温恒温窖藏等工序，约6个月才可酿造出百香果酒（图8-1）。纯正的百香果酒具有浓郁的热带水果香气，入口微甜，酸度爽利，苦味轻，口感协调，酒体圆润，口香浓郁，余味较长。

图8-1　百香果酒酿造桶

百香果发酵酒酿造应用医学外科无菌技术，利用独特的进口法国酵母菌，采用纯果汁低温发酵技术，最大限度地保留百香果内的各种营养物质。其酒中的总SOD、总多酚类物质含量高，总黄酮高达7.26克/升。同时，也保留住了百香果汁中微量元素、维生素等营养物质，在20多种人体必需氨基酸中，百香果酒中更是含有高达15种之多。

参 考 文 献

董静，王朝俊，2021. 百香果种植技术与实施要点探究 [J]. 农家参谋 (8): 14-15.

何秋婵，苏江，黄宁珍，等，2021. 百香果种苗快繁技术研究 [J]. 世界热带农业信息 (4): 1-2.

吉方，高世德，段安安，2007. 黄果西番莲开花习性及果实生长规律观察 [J]. 热带农业科技 (2): 18-20.

李宁，邓红，2015. 秦美猕猴桃营养指标分析及猕猴桃粉的研制 [J]. 安徽农业科学，43(5): 256-258.

梁秋玲，钟晓萍，2018. 不同生根剂及基质对"台农1号"百香果扦插的影响 [C]// 中国热带作物学会. 做强做优热带高效农业 服务热区乡村振兴——2018年全国热带作物学术年会论文集. 厦门：中国热带作物学会：78-81.

刘冬生，2020. 芭乐味黄果西番莲在武平县引种表现 [J]. 东南园艺，8(6): 24-28.

刘晓明，2017. 台农1号百香果高产栽培技术 [J]. 农技服务，34(7): 109.

牛俊乐，黄斌政，潘彩娟，等，2020. 紫果百香果无性快繁体系的建立——无菌苗移栽基质研究 [J]. 安徽农学通报，26(21): 51, 65.

潘木水，罗成阳，1991. 西番莲果汁的加工技术 [J]. 广东农业科学 (2): 19-21.

饶建新，余平溪，陈益忠，2012. 紫香1号百香果特性及栽培技术 [J]. 现代园艺 (21): 15-17.

苏艳，杨宝明，王丽花，等，2020. 百香果叶片植株再生快繁技术 [J]. 山西农业科学，48(6): 851-854.

孙琪，王亚楠，张焕，等，2018. 西番莲组织培养技术研究 [J]. 种子，37(7): 78-81.

王增炎，2019. "紫香一号"百香果高产优质栽培技术 [J]. 农业开发与装备 (1): 169-170.

韦晓霞，潘少霖，陈文光，等，2019. 百香果等6种西番莲属植物抗寒性调查 [J]. 中国南方果树，48(1): 53-55.

谢鸿根, 林旗华, 陈源, 等, 2017. 盐碱环境火龙果花、茎和果实氨基酸分析 [J]. 福建农业学报, 32(5): 568-571.

杨冬业, 张丽珍, 徐淑庆, 2012. 百香果组织培养及植株再生 [J]. 北方园艺 (3): 125-127.

袁启凤, 陈楠, 严佳文, 等, 2020. 不同架式栽培对台农 1 号百香果果实品质和产量的影响 [J]. 南方农业学报, 51(7): 1576-1583.

袁启凤, 严佳文, 陈楠, 等, 2019. "紫香 1 号"百香果成熟果实的氨基酸分析与营养评价 [J]. 中国南方果树, 48(2): 50-54.

张建梅, 刘娟, 高鹏, 2019. 西番莲的利用价值及市场前景的探讨 [J]. 河北果树 (2): 41-43.

张如莲, 高玲, 谭运洪, 等, 2014. 西番莲种质资源的研究与利用 [M]. 北京：中国农业出版社.

张文斌, 叶金巧, 吴胜芳, 等, 2021. 福建百香果 1 号开花结果习性观察 [J]. 热带农业科技, 44(1): 21-23, 46.

章希娟, 陈秀萍, 许玲, 等, 2016. 31 份枇杷种质资源果实的蛋白质营养评价 [J]. 福建农业学报, 31(3): 242-249.

赵兴蕊, 陈玲玲, 王洪云, 等, 2021. 西番莲属植物资源的研究概况 [J]. 云南化工, 48(4): 17-19, 23.

钟秋珍, 林旗华, 张玮玲, 等, 2014. 阳桃果实氨基酸组成及营养评价 [J]. 东南园艺, 2(4): 9-11.

周丹蓉, 廖汝玉, 叶新福, 2012. 李果实氨基酸种类和含量分析 [J]. 中国南方果树, 41(2): 25-28.

周洲, 2018. 秘鲁：需扩大百香果出口市场 [J]. 中国果业信息, 35(9): 43.

Costa J L, Jesus O N D, Oliveira G A F, et al, 2012. Effect of selection on genetic variability in yellow passion fruit[J]. Crop Breeding and Applied Biotechnology, 12(4): 253-260.